Física do dia a dia
VOLUME 2
Mais 104 perguntas e respostas sobre Física
fora da sala de aula... e uma na sala de aula!

Regina Pinto de Carvalho

Física do dia a dia
VOLUME 2

Mais 104 perguntas e respostas sobre Física
fora da sala de aula... e uma na sala de aula!

2ª edição
6ª reimpressão

autêntica

Copyright © 2003 Regina Pinto de Carvalho

Todos os direitos reservados pela Autêntica Editora Ltda. Nenhuma parte desta publicação poderá ser reproduzida, seja por meios mecânicos, eletrônicos, seja via cópia xerográfica, sem a autorização prévia da Editora.

EDITORA RESPONSÁVEL
Rejane Dias

CAPA
Alberto Bittencourt

REVISÃO
Maria do Rosário Alves Pereira
Lira Córdova

REVISÃO TÉCNICA
Antônio Sérgio Teixeira Pires
Márcio Quintão Moreno

ILUSTRAÇÃO
Mirella Spinelli

DIAGRAMAÇÃO
Christiane Morais de Oliveira

Dados Internacionais de Catalogação na Publicação (CIP)
(Câmara Brasileira do Livro, SP, Brasil)

Carvalho, Regina Pinto de
  Física do dia a dia, volume 2 : 104 perguntas e respostas sobre física fora da sala de aula... e uma na sala de aula – 2. ed. ; 6. reimp. – Belo Horizonte: Autêntica Editora, 2023.

  ISBN 978-85-7526-554-3

  1. Física- estudo e ensino. 2. Física - perguntas e respostas I.Carvalho, Regina Pinto de.

11-07444   CDD-530.07

Índices para catálogo sistemático:
1. Física : Estudo e ensino 530.07

Belo Horizonte
Rua Carlos Turner, 420
Silveira . 31140-520
Belo Horizonte . MG
Tel.: (55 31) 3465 4500

São Paulo
Av. Paulista, 2.073 . Conjunto Nacional
Horsa I . Sala 309 . Bela Vista
01311-940 . São Paulo . SP
Tel.: (55 11) 3034 4468

www.grupoautentica.com.br
SAC: atendimentoleitor@grupoautentica.com.br

*Espero que este livro, mais do que fornecer respostas,
incentive a formulação de novas perguntas.
Por isto, gostaria de dedicá-lo a
todas as pessoas curiosas e, em particular,
aos meus netos Pedro, Ana Julia e Tomás.*

*O importante é
nunca parar de questionar.*
Albert Einstein

Sumário

Introdução	11
Capítulo I - **Músicas**	13
Capítulo II - **Dicas na cozinha**	21
Capítulo III - **Construções e arquitetura**	29
Capítulo IV - **Roupa/moda**	39
Capítulo V - **Eletrodomésticos**	43
Capítulo VI - **Esportes/lazer**	51
Capítulo VII - **Transportes**	61
Capítulo VIII - **Água**	69
Capítulo IX - **Terra e espaço**	73
Capítulo X - **Gentes, bichos e plantas**	79

Introdução

Depois do lançamento do primeiro volume do *Física do dia a dia*, passei a colecionar sugestões vindas dos leitores, sobre assuntos que poderiam ser abordados em um segundo volume. Recentemente verifiquei que tinha perguntas suficientes para escrevê-lo, o que desta vez, infelizmente, foi feito sem a ajuda dos caros alunos.

Como no primeiro volume, tentei abordar diversas situações encontradas no dia a dia das pessoas, e que podem ser explicadas por princípios físicos conhecidos. Algumas questões abordam assuntos relacionados com outras disciplinas, como Química, Matemática e Biologia, mostrando que a Ciência é uma só e não precisa ser compartimentada. Outras não fazem parte da experiência diária de alguns leitores, que poderão através delas conhecer a vivência de outras pessoas, em regiões geográficas ou ocupações diferentes da sua.

As respostas dadas a cada questão são curtas e simples, de forma a satisfazer a curiosidade de um leitor leigo. Para os que quiserem se aprofundar mais no assunto, são sugeridas referências de fácil acesso, que, muitas vezes, não apresentam diretamente a resposta à questão, mas desenvolvem o assunto tratado com mais detalhes ou mais formalismo.

Agradeço a todos que me incentivaram com críticas e sugestões; alguns quiseram ter seus nomes citados no texto, outros preferiram ficar anônimos – mas todos saberão do meu apreço pelo apoio.

Espero que os leitores se divirtam com a leitura e que continuem propondo novas questões para – quem sabe, em breve? – podermos preparar o terceiro volume da série!

Regina
Belo Horizonte, fevereiro/2011.

Capítulo **I**

Músicas

A música popular brasileira tem inúmeros exemplos de letras que confirmam conceitos de Física, ou os contradizem, usando a licença poética. As letras aqui citadas, além de serem bonitas, servem para exemplificar diversos conceitos.

1. *Tanto fez, tanto faz: raio* laser *ou lampião a gás, É tudo luz!*
(Frou-frou – Roberto de Carvalho e Rita Lee)

Resposta: Rita Lee tem razão ao dizer que "é tudo luz", porém, há algumas diferenças entre a luz de um raio *laser* e a de um lampião a gás:

- o *laser* é monocromático (emite luz de apenas uma cor), enquanto o lampião emite todas as cores do espectro visível, além de emitir muita radiação na faixa do infravermelho próximo, que sentimos na forma de calor, e alguma radiação ultravioleta;
- o *laser* é unidirecional: sua luz é emitida em apenas uma direção, e o feixe não se dispersa; de forma

diferente, o lampião emite luz em todas as direções e, mesmo se colocarmos uma "máscara" em frente a ele, para obter um feixe fino, este feixe se abrirá, formando um cone, à medida que se propagar;

- em ambos os casos, a emissão luminosa se deve à transição dos elétrons entre níveis eletrônicos; no *laser*, essa transição é provocada por uma diferença de potencial, e no lampião é a combustão do gás que fornece a energia necessária para a transição.[1]

2- *Fui abrindo a porta devagar, mas deixei a luz entrar primeiro.*

(O Portão – Roberto Carlos)

Será que Roberto Carlos conseguiria impedir que a luz entrasse – antes dele?

Resposta: Segundo a Teoria da Relatividade Restrita, proposta por Einstein em 1905, quanto maior a velocidade de um objeto, mais difícil se torna aumentar essa velocidade. A velocidade da luz no vácuo (que tem valor muito próximo à velocidade da luz no ar) seria o limite além do qual não se pode aumentar a velocidade de um objeto. Até hoje todos os experimentos feitos indicam que essa teoria é verdadeira. Nesse caso, quando a porta fosse aberta, a luz entraria primeiro, quer nosso Rei quisesse ou não deixá-la passar à sua frente.[2]

Para saber mais sobre o assunto, consulte:

[1] MÁXIMO, Antônio; ALVARENGA, Beatriz. *Física* – volume único. 2. ed. São Paulo: Scipione, 2007, p. 522.

[2] MÁXIMO, Antônio; ALVARENGA, Beatriz. *Física* – volume único. 2. ed. São Paulo: Scipione, 2007, p. 553.

3- *Eu só errei quando juntei minh'alma à sua,*
O Sol não pode viver perto da Lua.

(*A Flor e o Espinho* – Nelson Cavaquinho, Guilherme de Brito e Alcides Caminha)

Resposta: A Lua está a cerca de 150 milhões de quilômetros do Sol, o que certamente não pode ser classificado como "perto"! No entanto, vistos da Terra, os dois astros podem parecer próximos, nas fases da Lua em que ela aparece durante o dia.[3]

4- *A porta do barraco era sem trinco,*
Mas a lua furando nosso zinco
Salpicava de estrelas nosso chão.
Tu pisavas nos astros distraída...
(*Chão de Estrelas* – Silvio Caldas e Orestes Barbosa)

Resposta: O chão de estrelas cantado por Nelson Gonçalves era formado pela luz da Lua que, atravessando pequenos furos no teto do barraco, projetava a imagem iluminada no chão. Se a musa da canção tentasse pisar nessas estrelas, seus pés interceptariam o feixe de luz e a imagem seria formada sobre eles. Seria melhor se o cantor dissesse: "tu *pegavas* nos astros distraída"...[4]

Para saber mais sobre o assunto, consulte:

[3] HALLIDAY, D.; RESNICK, R.; KRANE, K. S. *Física 2*. 4. ed. Rio de Janeiro: LTC, 1996, p. A263.
<http://spaceplace.nasa.gov/en/kids/phonedrmarc/2004_march.shtml>. Acesso em: jan. 2011.

[4] MÁXIMO, Antônio; ALVARENGA, Beatriz. *Física* – volume único. 2. ed. São Paulo: Scipione, 2007, p. 480.

5. *Tendo a Lua aquela gravidade aonde o homem flutua...*

(Tendo a Lua – Herbert Vianna e Tet Tillett)

Resposta: Devido à sua pequena massa, a atração gravitacional que a Lua exerce sobre os objetos é bem menor que na Terra. O peso de uma pessoa na Lua seria reduzido a 1/6 do seu valor na Terra. Como nossos músculos estão acostumados a vencer a gravidade da Terra, teríamos a sensação de flutuar ao tentar nos movimentar na Lua.[5]

6. *Terra, planeta água!*

(Planeta Água – Guilherme Arantes)

Resposta: Embora a água seja essencial à manutenção da vida na Terra, nem toda a água existente na crosta terrestre está disponível para nossa utilização: 97,5% dela é água salgada. Dos 2,5% que correspondem à água doce, grande parte está em forma de gelo, nuvens ou no subsolo; apenas 0,05% da água existente em nosso planeta é própria para o consumo!

Na canção citada, o autor mostra o ciclo hidrológico: nascente dos rios a partir de águas subterrâneas, evaporação, chuva e novamente a infiltração no solo. Indica ainda seu consumo pelo homem e pelas plantas, assim como seu uso como fonte de energia mecânica.[6]

(Veja também a questão VII-4)

Para saber mais sobre o assunto, consulte:

[5] HALLIDAY, D.; RESNICK, R.; KRANE, K. S. *Física 2*. 4. ed. Rio de Janeiro: LTC, 1996, p. A263.

[6] REBOUÇAS, A. C.; BRAGA, B.; TUNDISI, J. G. (Org.). Águas doces no Brasil. 3. ed. São Paulo: Escrituras, 2006, p.1.

7. *A água lava, lava, lava tudo*
A água só não lava a língua dessa gente!
(A Água Lava Tudo – Jorge Gonçalves, Paquito e Romeu Gentil)

Resposta: A água é considerada o "solvente universal". Suas moléculas são polares: o átomo de oxigênio apresenta carga mais negativa, e os átomos de hidrogênio são mais positivos. Em contato com a água, sais iônicos e substâncias polares são separados em seus componentes, que se ligam às moléculas de água, ou seja, se dissolvem. Para dissolver substâncias apolares, como as gorduras, adiciona-se à água um detergente, onde as moléculas têm uma parte apolar (que se liga com a substância em questão) e outra parte polar, que se liga com a água. Agora, para lavar a língua "dessa gente", seria necessário procurar um solvente para más palavras...[7]

8. *São as águas de março fechando o verão.*
(Águas de Março – Tom Jobim)

Resposta: No Hemisfério Sul, o verão começa em dezembro e termina em março do ano seguinte. Na região tropical, onde está situada a maior parte do nosso país, o calor nesta época do ano provoca intensa evaporação e formação de nuvens, e a estação é caracterizada por fortes chuvas, chamadas "chuvas de verão". As "águas de março" são as últimas chuvas fortes, que ocorrem nesse mês e anunciam o término da estação chuvosa.[8]

Para saber mais sobre o assunto, consulte:

[7] ATKINS, Peter; JONES, Loretta. *Princípios de Química*. 3. ed. Porto Alegre: Bookman, 2006, p. 393.

[8] <http://www.inmet.gov.br/html/clima/mapas/?mapa=prec&mes=mar>. Acesso em: mar. 2011.

9 - *Água brilhando, olha a pista chegando e vamos nós
Aterrar!*

(Samba do Avião – Tom Jobim)

Resposta: Do ponto de vista de uma pessoa que observa em terra o pouso de um avião, a pista está parada e o avião está chegando. Mas do ponto de vista de um passageiro, o avião está parado e a pista sobe até ele. Ao mudarmos o ponto de observação de um movimento, efetuamos uma "mudança de referencial".[9]

10 - *Esta canção é para cantar
Como a cigarra acende o verão*
(Cigarra – Milton Nascimento e Ronaldo Bastos)
Como é produzido o "canto" da cigarra?

Resposta: A cigarra tem uma membrana flexível na base do abdome. Contraindo e relaxando esta membrana, ela é capaz de produzir uma vibração que se propaga pelo ar como ondas sonoras, isto é, compressões e dilatações do ar em que ocorre a vibração.[10]

Para saber mais sobre o assunto, consulte:

[9] MÁXIMO, Antônio; ALVARENGA, Beatriz. *Física* – volume único. 2. ed. São Paulo: Scipione, 2007. p. 37.

[10] <http://www.australianmuseum.net.au/Cicadas-Superfamily-Cicadoidea>. Acesso em: jan. 2011.

11- *Ó meu mestre, contramestre, como eu posso navegar*
Se nós não temos rota nem agulha de marear?

(Gente que Vem de Lisboa – Tavinho Moura e Fernando Brant)

Resposta: Esta canção relata a descoberta do Brasil pelos portugueses e mostra como era feita a navegação marítima na época: através de mapas se estabelecia uma rota, e a direção a seguir era indicada pela bússola, que consiste em uma agulha imantada que se orienta segundo o campo magnético da Terra. Hoje, a navegação tem recursos mais sofisticados, como o sistema GPS, mas a bússola continua sendo de grande auxílio para a localização geográfica.[11]

12- *Todos os dias quando acordo*
Não tenho mais o tempo que passou.

(Tempo Perdido – Renato Russo)

Resposta: Para explicar os fenômenos físicos na escala humana, usamos o tempo como uma variável que flui uniformemente e sempre no mesmo sentido, do passado para o futuro. Isso pode não ser o caso se estudamos o movimento de objetos que se movem a velocidades próximas à da luz. Nestes casos extremos, é preciso usar uma teoria mais elaborada para representar os movimentos; nela, considera-se que o tempo pode fluir de maneira diferente para observadores que se movem uns com

---

Para saber mais sobre o assunto, consulte:
[11] MÁXIMO, Antônio; ALVARENGA, Beatriz. *Física* – volume único. 2. ed. São Paulo: Scipione, 2007, p. 402.

relação aos outros. Assim, dois fenômenos considerados simultâneos para um observador podem não o ser para outro que esteja se movendo com relação ao primeiro.[12]

13- *Fiz uma promessa*
Só contarei depois
Que a noite adormeça
E o Sol venha nos aquecer com seu poderoso raio da manhã.
(Vida ou Morte – CPM22)

Resposta: Além da luz visível, o Sol emite também radiação eletromagnética de outros comprimentos de onda, como infravermelho (que sentimos como calor) ou ultravioleta que, se absorvido em excesso, pode causar danos à nossa pele.[13]

Para saber mais sobre o assunto, consulte:
[12] GAZZINELLI, Ramayana. *Teoria da relatividade especial*. São Paulo: Edgard Blücher, 2005, p. 1.
[13] SILVA, Adriana V. R da. *Nossa estrela: o sol*. São Paulo: Livraria da Física, 2006, p. 4.

CAPÍTULO **II**

Dicas na cozinha

1- É preferível descongelar um alimento colocando-o em um recipiente de metal ou em outro, de vidro?

Resposta: Para descongelar rapidamente o alimento, deve-se colocá-lo em uma vasilha de metal: sendo um bom condutor de calor, o metal fará o transporte da energia calorífica fornecida pelo ambiente até a superfície do alimento.

O recipiente de vidro, sendo isolante térmico, dificultará a troca de calor entre o alimento e o ambiente.[1]

Para saber mais sobre o assunto, consulte:
[1] MÁXIMO, Antônio; ALVARENGA, Beatriz. *Física* – volume único. 2. ed. São Paulo: Scipione, 2007, p. 294.

2- O que acontece se colocarmos frutas cortadas em um recipiente de aço inox e as cobrirmos com papel alumínio?

Resposta: As frutas, em geral, contêm ácido. Ao colocá-las no recipiente de aço e cobrirmos com papel de alumínio, estaremos formando uma "pilha" elétrica: dois metais diferentes, separados por um meio ácido. O meio ácido será capaz de fazer o transporte de elétrons entre um metal e outro, e o metal que perdeu elétrons ficará dissolvido no ácido. No nosso caso, o alumínio metálico se transforma em íons de alumínio (átomos que perderam um elétron), aparecendo pequenos furos no papel.[2]

(Veja também as questões V-3 e X-7)

3- Por que as carnes congeladas mudam de aspecto ao ser descongeladas?

Resposta: Durante o processo de congelamento, a água do interior das células da carne se congela, aumentando seu volume, o que pode ocasionar o rompimento da parede celular. Ao descongelar, as células rompidas tomarão uma forma diferente da original, o que dará uma aparência diferente ao alimento.[3]

4- Para evitar comer a gordura das carnes, o que é melhor: fritá-las ou cozinhar em água?

Resposta: O ponto de ebulição das gorduras é mais alto que o da água. Ao cozinhar um alimento em água, este será

Para saber mais sobre o assunto, consulte:

[2] EBBING, Darrell D.; WRIGHTON, Mark S. *Química geral.* v. 2. 5. ed. Rio de Janeiro: LTC, 1998, p. 237.

[3] MÁXIMO, Antônio; ALVARENGA, Beatriz. *Física* – volume único. 2. ed. São Paulo: Scipione, 2007, p. 265.

processado à temperatura de ebulição da água, e as gorduras não serão retiradas. Já no processo de fritura, o cozimento se dá a uma temperatura mais alta, permitindo a retirada das gorduras da carne. Naturalmente, será preciso descartar a gordura dissolvida que ficou no fundo da panela...[4]

5. Por que, ao ferver água, se observa a formação de pequenas bolhas no fundo da panela, mesmo antes de se atingir o ponto de ebulição da água?

Resposta: As pequenas bolhas são ar, que estava dissolvido na água fria. A solubilidade do ar na água cai com o aumento da temperatura. Assim, quando a água no fundo da panela alcança cerca de 80 °C, o ar se desprende da solução, formando as bolhas.[5]

6. Por que o bolo cresce quando vai ao forno?

Resposta: A massa do bolo contém fermento, substância que sofre uma reação química e gera pequenas bolhas de gás carbônico, que aumentam de volume com o aumento da temperatura. Com o calor, a massa perde água e endurece, aprisionando as bolhas. O bolo depois de assado tem um volume bem maior do que o da massa crua e apresenta pequenos poros que lhe dão a consistência macia que agrada aos degustadores.[6]

Para saber mais sobre o assunto, consulte:

[4] MÁXIMO, Antônio; ALVARENGA, Beatriz. *Física* – volume único. 2. ed. São Paulo: Scipione, 2007, p. 303.

[5] EBBING, Darrell D.; WRIGHTON, Mark S. *Química geral.* v. 1. 5. ed. Rio de Janeiro: LTC, 1998, p. 474.

[6] EBBING, Darrell D.; WRIGHTON, Mark S. *Química geral.* v. 1. 5. ed. Rio de Janeiro: LTC, 1998, p. 96.

7. - Por que existem bolhas dentro do gelo feito em casa?

Resposta: Para obter gelo em casa, em geral, usamos água da torneira ou filtrada, que contém ar dissolvido nela. Durante o processo de congelamento, as moléculas de água se ordenam em uma estrutura bem definida, onde não há lugar para as moléculas de ar. Estas são então expulsas da fase sólida e ficam na parte líquida. Como o congelamento se faz de fora para dentro em cada cubo de gelo, o ar é empurrado cada vez mais para o interior do cubo, terminando aprisionado na parte central.[7]

8. - Minha prima me ensinou uma receita diferente: prepara-se a massa de um bolo e a de um pudim; o bolo fica no fundo de uma assadeira, e o pudim é colocado cuidadosamente em cima do bolo. Levando-se o conjunto ao forno, a posição dos doces se inverte. Por que isso acontece?

Resposta: Durante o cozimento, a reação química do fermento do bolo gera bolhas de gás, aumentando o seu volume e, portanto, diminuindo sua densidade. O bolo tem então tendência a flutuar sobre o pudim, que não sofreu modificações no volume ou na densidade.

Depois que o doce está assado, inverte-se a assadeira sobre um prato e tem-se um bolo coberto com pudim. Podemos degustar esta novidade pensando nas variações de volume e densidade durante a sua preparação![8]

(Veja também a questão X-6)

Para saber mais sobre o assunto, consulte:

[7] PAMPLIN, B. R. *Crystal Growth*. New York: Pergamon Press, 1975, p. 104.
[8] MÁXIMO, Antônio; ALVARENGA, Beatriz. *Física* – volume único. 2. ed. São Paulo: Scipione, 2007, p. 172.

9- Como se pode verificar se um ovo está fresco, sem abri-lo?

Resposta: À medida que o ovo envelhece, acontece um processo de fermentação provocado por bactérias, que libera gás sulfídrico. Como a casca é porosa, este gás sai do ovo, e a massa do ovo diminui. Como o volume continua o mesmo, há uma diminuição na densidade. Então, para verificar a qualidade do ovo, basta colocá-lo em um recipiente com água: se estiver fresco, ele vai afundar completamente; se ficar com a parte mais estreita para cima, está começando a envelhecer; se boiar, é preciso jogá-lo fora imediatamente, sem abri-lo, para evitar que se espalhe o conhecido cheiro de "ovo podre" característico do gás sulfídrico.[9]

10- Por que se coloca sal no gelo para obter baixas temperaturas?

Resposta: Em contato com o gelo, o sal se dissolve. A dissolução requer energia, que é retirada do gelo, abaixando a sua temperatura. A mistura de sal e gelo pode chegar a até -18 °C.[10]

Para saber mais sobre o assunto, consulte:

[9] MÁXIMO, Antônio; ALVARENGA, Beatriz. *Física* – volume único. 2. ed. São Paulo: Scipione, 2007, p. 172.

[10] EBBING, Darrell D.; WRIGHTON, Mark S. *Química geral.* v. 1. 5. ed. Rio de Janeiro: LTC, 1998, p. 475.

***11**-* Como acontece o "estouro" da pipoca?

Resposta: O grão de milho contém água e amido, encerrados em uma casca rígida. Ao ser aquecida, a água se transforma em vapor, aumentando a pressão no interior do grão. Quando a pressão interna é suficiente, a casca se rompe. Durante o processo, o amido se transforma e aumenta seu volume, produzindo as pipocas brancas que conhecemos. Se a casca estiver defeituosa, poderá se romper antes de haver pressão interna suficiente, e o grão vai se tornar um "piruá".[11]

***12**-* Como se pode saber se um ovo está cozido, sem descascá-lo?

Resposta: Para saber se o ovo está cozido, basta girá-lo. No ovo cru, o interior líquido não está ligado à casca e continua em repouso quando o ovo é girado. Ele vai cambalear enquanto gira. O ovo cozido tem o interior sólido; todo o conjunto é posto em rotação ao mesmo tempo, e ele gira de maneira uniforme.[12]

***13**-* Minha colega Mônica tem uma receita de bolo onde se acrescenta à massa uma mexerica grande inteira, com a casca, batida no liquidificador. Certa vez, como as mexericas estavam muito pequenas, ela colocou duas, com a casca, mas o bolo ficou muito amargo. Por que isso aconteceu?

Resposta: Mesmo que as duas mexericas pequenas sejam equivalentes em massa a uma mexerica grande, a quanti-

---

Para saber mais sobre o assunto, consulte:

[11] MÁXIMO, Antônio; ALVARENGA, Beatriz. *Física* – volume único. 2. ed. São Paulo: Scipione, 2007, p. 268.
[12] HALLIDAY, D.; RESNICK, R.; KRANE, K. S. *Física 1*. 4. ed. Rio de Janeiro: LTC, 1996, p. 228.

dade de casca será maior; assim, o sabor amargo da casca ficará mais acentuado. Mônica deveria ter usado toda a casca de uma das frutas e apenas metade da casca da outra! Aqui vemos demonstrado o fato de que, quando o tamanho dos objetos é menor, os fenômenos de superfície ficam mais importantes. Isto é usado em nanotecnologia, em que partículas de tamanho nanoscópico (um milhão de vezes menores que 1 mm) têm importantes efeitos de superfície que as tornam convenientes para o uso em circuitos eletrônicos, medicamentos e outras aplicações.[13]

***14**- Para tirar uma travessa quente do forno, Leo protegeu suas mãos com um pano molhado. Ele alegou que a água ajudaria a esfriar a travessa e protegeria melhor suas mãos. Ele estava certo?

Resposta: Infelizmente, ele não estava certo. A água tem mobilidade suficiente para se deslocar pelas fibras do pano.

Ela se aqueceu em contato com a vasilha, atravessou o pano e queimou suas mãos. O correto seria usar um pano seco, que é isolante térmico e impediria que o calor da travessa chegasse até as suas mãos.[14]

(Veja também a questão IV-4)

Para saber mais sobre o assunto, consulte:

[13] HEWITT, Paul G. *Física conceitual*. 11. ed. Porto Alegre: Bookman, 2011, p. 223.

[14] <http://www.cottoninc.com/PressReleases/?article ID=245>. Acesso em: jan. 2011.

15. Qual a vantagem dos recipientes de vidro *pyrex*, comparados aos de vidro comum?

Resposta: Os dois tipos de vidro são maus condutores de calor, mas o vidro *pyrex* tem coeficiente de dilatação menor que o vidro comum, isto é, ele se dilata ou se contrai menos quando a temperatura aumenta ou diminui. Quando um recipiente é usado para assar ou cozer alimentos, sua superfície externa se aquece, em contato com o ar quente do forno ou com a chama do fogão, e se dilata. O calor não se propaga facilmente para o interior, e este não se dilata ao mesmo tempo que o exterior. No recipiente de vidro comum, a diferença entre as dimensões das duas superfícies faz com que ele se quebre. O vidro *pyrex* dilatará menos com o calor, e as diferenças serão acomodadas sem danos para o recipiente.[15]

16. Por que é difícil se servir de sal em dias de chuva?

Resposta: Em dias de chuva, o ar está carregado de vapor de água; em contato com este ar úmido, o sal de cozinha (cloreto de sódio), que é higroscópico, absorve água, e a solução se cola às paredes do saleiro.[16]

Para saber mais sobre o assunto, consulte:

[15] MÁXIMO, Antônio; ALVARENGA, Beatriz. *Física* – volume único. 2. ed. São Paulo: Scipione, 2007, p. 260.

[16] ATKINS, Peter; JONES, Loretta. *Princípios de Química*. 3. ed. Porto Alegre: Bookman, 2006, p. 270.

Capítulo **III**

Construções e arquitetura

1. - Para que servem as fendas retas e igualmente espaçadas, que encontramos nos pátios cimentados?

Resposta: Quando o piso cimentado se aquece, ele se dilata e, se não houver espaço para acomodar o aumento de volume, o cimento vai trincar. Assim, ao se construir um piso cimentado, deixa-se um espaço a intervalos regulares para evitar as trincas.[1]

2. - Qual a vantagem de se ter um forro sob o telhado de uma casa?

Resposta: Quando se tem um telhado e um forro abaixo dele, forma-se entre eles um "bolsão" de ar, que serve como isolante térmico. A barreira isolante impedirá que a temperatura interna da casa suba em excesso nas horas de sol forte. Se houver aberturas para a renovação da camada de ar, o isolamento será mais eficiente.

Para saber mais sobre o assunto, consulte:

[1] MÁXIMO, Antônio; ALVARENGA, Beatriz. *Física* – volume único. 2. ed. São Paulo: Scipione, 2007, p. 260.

Da mesma forma, nas noites frias, a camada de ar isolante fará com que haja menos perda de calor, melhorando o conforto do ambiente.[2]

3. Por que os pisos de cerâmica parecem mais frios que os de carpete?

Resposta: Quando pisamos sem sapatos na cerâmica ou no carpete, o calor de nossos pés flui para o piso, que está a uma temperatura inferior à dos nossos pés. O carpete é isolante térmico, e haverá menos fluxo de calor dos pés para o carpete que para a cerâmica. Então teremos a sensação de que a cerâmica está mais fria, embora ambos estejam à mesma temperatura.[3]

4. Qual a vantagem de se pintar as paredes internas de uma casa de branco ou de tons claros?

Resposta: As paredes brancas ou de cores claras irão refletir quase toda a luz que incide sobre elas; já as paredes de cores escuras vão absorver quase toda a luz incidente. Assim, nos ambientes com paredes claras, se terá um melhor aproveitamento da luz natural ou da iluminação artificial existente nela.[4]

Para saber mais sobre o assunto, consulte:

[2] MÁXIMO, Antônio; ALVARENGA, Beatriz. *Física* – volume único. 2. ed. São Paulo: Scipione, 2007, p. 294.

[3] HALLIDAY, D.; RESNICK, R.; KRANE, K. S. *Física 2*. 4. ed. Rio de Janeiro: LTC, 1996, p. 231.

[4] MÁXIMO, Antônio; ALVARENGA, Beatriz. *Física* – volume único. 2. ed. São Paulo: Scipione, 2007, p. 499.

5. Em que altura da parede devem ser instalados os aparelhos de ar condicionado? E os aquecedores de ambiente?

Resposta: Os aparelhos de ar condicionado recolhem parte do ar de uma sala ou quarto, esfriam esta porção de ar e a devolvem ao ambiente. Sabemos que o ar frio é mais denso do que o ar quente e que tenderá

a se posicionar abaixo deste último. Então, é conveniente que o aparelho seja colocado na parte superior da parede: o ar frio, ao sair do aparelho, tenderá a descer, e o ar quente da sala subirá até à altura do aparelho, para ser esfriado por ele. Este movimento é a convecção. Se o aparelho estiver colocado na parte de baixo, o ar frio ficará em baixo, e a parte superior da sala terá ar quente.

Para o aquecedor de ambiente, a melhor posição será perto do chão: o ar aquecido por ele tenderá a subir, sendo substituído embaixo pelo ar frio da sala, que será por sua vez aquecido.

Alguns aparelhos exercem a dupla função, de aquecer ou resfriar o ambiente. Estes aparelhos não são muito práticos, pois, dependendo da posição em que forem instalados, impedirão a convecção em um dos dois casos. Em geral, eles possuem um sistema de ventilação que força o ar frio ou quente a circular pelo ambiente, promovendo uma convecção forçada.[5]

Para saber mais sobre o assunto, consulte:

[5] MÁXIMO, Antônio; ALVARENGA, Beatriz. *Física* – volume único. 2. ed. São Paulo: Scipione, 2007, p. 295.

6 - Por que uma casa desocupada tem sonoridade desagradável?

Resposta: Se uma casa não tem móveis e objetos, o som de nossas falas não é absorvido e se reflete diversas vezes nas paredes, gerando reverberação. Os móveis, cortinas e tapetes absorvem grande parte do som, impedindo a reflexão nas paredes e tornando a conversa mais agradável. Pisos e móveis de madeira ou tecido são melhores absorvedores que vidro ou cerâmica.[6]

7 - Em que posição de um quarto se deve colocar a mesa de estudos, com relação à janela?

Resposta: A mesa deve ser colocada de forma que a luz da janela entre à esquerda da pessoa que vai usar a mesa. Assim, a sombra da mão direita da pessoa não incidirá sobre o texto escrito. Naturalmente, se a pessoa for canhota, a iluminação deverá vir da direita.[7]

8 - Como funciona uma lâmpada fluorescente (lâmpada econômica)?

Resposta: A lâmpada fluorescente é um tubo de vidro cheio de gás, com eletrodos nas extremidades. Atualmente se

---

Para saber mais sobre o assunto, consulte:

[6] MÁXIMO, Antônio; ALVARENGA, Beatriz. *Física* – volume único. 2. ed. São Paulo: Scipione, 2007, p. 468.

[7] HEWITT, Paul G. *Física conceitual*. 11. ed. Porto Alegre: Bookman, 2011, p. 481.

encontram lâmpadas com diversos tipos de gás e formatos variáveis, mas o princípio de funcionamento é o mesmo: aplicando-se uma tensão elétrica entre os eletrodos, os átomos do gás absorvem energia e passam para os chamados "estados excitados" (de energia mais alta). Ao retornar ao "estado fundamental" (de energia mais baixa), a energia é liberada. Grande parte dessa energia está sob a forma de radiação ultravioleta. Parte dessa radiação é transformada em luz visível pelo revestimento interno da lâmpada, e o resto é barrado pelo vidro do tubo.[8]

9- Por que a lâmpada fluorescente é mais eficiente que a lâmpada incandescente?

Resposta: Além de emitir radiação visível (luz), a lâmpada incandescente emite uma enorme quantidade de radiação na faixa do infravermelho próximo, invisível aos nossos olhos, mas que sentimos na forma de calor. A lâmpada fluorescente, por sua vez, emite muito pouca radiação infravermelha. Então, para obter a mesma iluminação, precisamos fornecer menos energia à lâmpada fluorescente do que à incandescente. Além disso, como a lâmpada incandescente funciona a uma temperatura mais alta, seus componentes se degradam mais rapidamente.

A fabricação da lâmpada fluorescente é mais complexa, o que torna o seu preço mais elevado, mas a economia em energia elétrica e a sua maior durabilidade fazem com que, com o tempo, ela seja mais econômica.[9]

Para saber mais sobre o assunto, consulte:
[8] MÁXIMO, Antônio; ALVARENGA, Beatriz. *Curso de Física.* v. 3. 6. ed. São Paulo: Scipione, 2005, p. 347.
[9] MÁXIMO, Antônio; ALVARENGA, Beatriz. *Curso de Física.* v. 2. 6. ed. São Paulo: Scipione, 2005, p. 76.

10 - Por que minha mãe não me permite ficar em pé no sofá, mesmo sem sapatos, se posso me sentar nele sem problemas? O peso de uma pessoa não é o mesmo, quer ela esteja sentada ou em pé?

Resposta: Sim, o peso de uma pessoa é o mesmo quer ela esteja sentada ou em pé. Porém, a área de contato da pessoa com o sofá é menor quando ela está em pé. Nesse caso, a pressão exercida pelo peso será maior e poderá danificar o estofamento. Mais uma vez se confirma o ditado: "Mãe tem sempre razão"![10]

11 - Nos desfiles das escolas de samba, as arquibancadas oscilam quando os espectadores dançam ao som das baterias. Isso não é perigoso?

Resposta: Isso pode ser perigoso caso a frequência natural de oscilação das arquibancadas seja semelhante à frequência dos pulos dos expectadores. Neste caso, a construção entraria em ressonância, isto é, suas oscilações seriam alimentadas pelos pulos, aumentando em amplitude e podendo romper a estrutura de concreto. Por esta razão, as arquibancadas devem ser projetadas de forma que a sua

---

Para saber mais sobre o assunto, consulte:

[10] MÁXIMO, Antônio; ALVARENGA, Beatriz. *Física* – volume único. 2. ed. São Paulo: Scipione, 2007, p. 152.

frequência natural de oscilação seja diferente da frequência dos saltos dos espectadores.[11]

12- Por que, em dias chuvosos, as portas e gavetas de madeira não se fecham direito?

Resposta: Em dias chuvosos, a madeira das portas e gavetas absorve umidade do ar e aumenta seu volume, impedindo que elas se adaptem ao espaço previsto para elas na construção.[12]

13- Por que aparecem trincas nas paredes de uma casa?

Resposta: Há vários tipos de trincas nas paredes. Algumas aparecem no encontro de dois materiais diferentes que reagem de modos diversos ao ambiente e vão se contrair ou dilatar em quantidades diferentes com mudanças de temperatura ou umidade. O traçado dessas trincas acompanha a linha de união dos materiais.

Outro tipo de trincas aparece em paredes compostas pelo mesmo material. Indicam uma ruptura do conjunto, um deslocamento diferente entre as duas partes de um mesmo conjunto. Podem ser ocasionadas por afundamento do solo ou pelo deslocamento de grande peso sobre a parede (uma laje, por exemplo). Essas trincas em geral têm uma direção inclinada em relação à horizontal.

Para saber mais sobre o assunto, consulte:

[11] HALLIDAY, D.; RESNICK, R.; KRANE, K. S. *Física 2*. 4. ed. Rio de Janeiro: LTC, 1996, p. 15.

[12] <http://www.remade.com.br/br/revistadamadeira_materia.php?num=545&subject=Secagem&title=Estudo%20detalha%20benef%EDcios%20do%20equil%EDbrio%20da%20umidade>. Acesso em: jan. 2011.

As trincas devem ser sempre investigadas para verificar se indicam perigo para a edificação.[13]

14- Como funciona uma lâmpada incandescente (lâmpada de filamento)?

Resposta: A lâmpada incandescente consiste em um bulbo de vidro transparente ou translúcido, contendo em seu interior um filamento metálico. Ao passar corrente elétrica pelo filamento, ele se aquece e passa a emitir luz. Para evitar que o filamento seja oxidado e se rompa quando sua temperatura aumenta, é preciso evitar a presença de oxigênio dentro do bulbo. Por esta razão, o ar é retirado do seu interior (faz-se vácuo ou coloca-se um outro gás no bulbo).[14]

15- Por que, para pintar uma parede de verde, mistura-se tinta azul claro com tinta amarela, e num teatro acende-se uma lâmpada azul e outra amarela para obter luz branca?

Resposta: Podemos considerar que toda a gama de cores deriva da combinação de verde, azul e vermelho em diferentes proporções. A combinação das três cores em igual proporção tem como resultado o branco, e a combinação das três cores ou duas a duas, em diferentes proporções, fornece as outras cores. Por exemplo, o amarelo é a combinação de vermelho e verde; o azul claro pode ser obtido combinando-se azul e verde, e o lilás é obtido com azul e vermelho.

Para saber mais sobre o assunto, consulte:

[13] MÁXIMO, Antônio; ALVARENGA, Beatriz. *Física* – volume único. 2. ed. São Paulo: Scipione, 2007, p. 260.

[14] MÁXIMO, Antônio; ALVARENGA, Beatriz. *Física* – volume único. 2. ed. São Paulo: Scipione, 2007, p. 369.

A cor dos objetos que não têm luz própria depende da luz que eles refletem. Quando iluminada com luz branca (que contém todas as cores), a parede pintada absorve certas cores e reflete outras, que são vistas por nós. A tinta amarela absorve o azul e reflete vermelho e verde; a tinta azul claro absorve vermelho e reflete azul e verde. A combinação das duas vai absorver vermelho e azul, e apenas o verde será refletido.

As lâmpadas, por sua vez, têm luz própria e fornecem luz em tons que variam de acordo com a cor que emitem: uma lâmpada amarela emite vermelho e verde; combinando sua emissão com a de uma lâmpada azul, teremos verde, vermelho e azul que, somados, resultam em luz branca.[15]

(Veja também a questão X-4)

Para saber mais sobre o assunto, consulte:
[15] BARTHEM, Ricardo B. *A luz*. São Paulo: Livraria da Física, 2005, p. 67.

Capítulo **IV**

Roupa/moda

1*-* Ao tirar um suéter pela cabeça, em um ambiente pouco iluminado, é possível notar uma série de faíscas sobre a peça de roupa. Qual a origem delas?

Resposta: Ao tirar o suéter, o atrito da lã com os cabelos faz com que haja transferência de elétrons de um material para o outro: eles ficam eletrizados. Em dias de chuva, a carga elétrica será rapidamente neutralizada por cargas trazidas pelo ar úmido, que é condutor elétrico. Porém, normalmente o inverno do nosso país tem dias secos, e a carga do suéter não será neutralizada. O contato da nossa mão com a roupa promoverá pequenas descargas elétricas que provocam as faíscas, isto é, breves pulsos de luz visível.[1]

(Veja também as questões IV-2 e VII-5)

Para saber mais sobre o assunto, consulte:

[1] MÁXIMO, Antônio; ALVARENGA, Beatriz. *Física* – volume único. 2. ed. São Paulo: Scipione, 2007, p. 335.

2 - Por que algumas pessoas preferem pentes de madeira aos de plástico?

Resposta: Ao passar o pente de plástico pelo cabelo, este fica eletrizado. Todos os fios adquirem carga de mesmo sinal e se repelem, resultando numa cabeleira arrepiada. O pente de madeira não favorece a eletrização.[2]

(Veja também as questões IV-1 e VII-5)

3 - Como funciona o amaciante de roupas?

Resposta: Depois de lavadas e secas, as roupas ficam ásperas ao toque, principalmente se forem lavadas e secas em máquinas. Isso se deve à presença sobre o tecido de cargas elétricas, adquiridas pelo atrito com as máquinas ou entre peças de tecidos diferentes. O amaciante contém substâncias que se espalham pela superfície do tecido e favorecem a neutralização das cargas.[3]

4 - Como uma toalha nos enxuga?

Resposta: A toalha, em geral, é feita de fibras de algodão que são hidrofílicas, isto é, têm facilidade de se ligar às moléculas de água. Para que a toalha enxugue bem, é

Para saber mais sobre o assunto, consulte:

[2] MÁXIMO, Antônio; ALVARENGA, Beatriz. *Física* – volume único. 2. ed. São Paulo: Scipione, 2007, p. 335.

[3] MÁXIMO, Antônio; ALVARENGA, Beatriz. *Física* – volume único. 2. ed. São Paulo: Scipione, 2007, p. 335.

necessário que a afinidade entre a água e as fibras seja maior que a afinidade entre a água e a nossa pele, ou seja, a água vai "preferir" se ligar à toalha que à pele.[4]

(Veja também a questão II-14)

5. Por que os bebês precisam ser mais agasalhados que os adultos?

Resposta: Nosso corpo produz calor através de reações que ocorrem em seu interior. O calor produzido depende do volume do corpo.

Ao mesmo tempo, perdemos calor para o ambiente através da superfície. Portanto, a perda de calor depende da área superficial do corpo.

Enquanto a área superficial de um objeto é proporcional ao quadrado da sua dimensão linear (seu comprimento, ou sua largura), o volume é proporcional ao cubo dessa dimensão.

A altura de um adulto é aproximadamente 3 vezes a de um bebê (tipicamente, 1,80 m para um adulto e 0,60 m para um bebê). Portanto, a superfície de um adulto é 9 vezes a do bebê, e o volume é 27 vezes o do bebê. Ou seja, o adulto gera 27 vezes mais calor e perde somente 9 vezes mais que o bebê. Mesmo que o adulto se sinta confortável com a temperatura ambiente, é preciso verificar se o bebê não está perdendo calor em excesso, comparado com o calor gerado por seu corpinho.

O mesmo raciocínio explica por que não existem pequenos animais de sangue quente nas regiões polares.[5]

Para saber mais sobre o assunto, consulte:

[4] <http://www.cottoninc.com/PressReleases/?articleID =245>. Acesso em: jan. 2011.
[5] HEWITT, Paul G. *Física conceitual*. 11. ed. Porto Alegre: Bookman, 2011, p. 223.

6- Por que devemos umedecer as roupas ao passá-las a ferro?

Resposta: As fibras dos tecidos são feitas de moléculas longas; quando o tecido está amarrotado, estas moléculas ficam enroladas sobre si mesmas, e aparecem ligações entre partes das moléculas, impedindo que elas fiquem distendidas. As moléculas de água quebram as ligações que mantêm as fibras enroladas, permitindo que elas se desenrolem; o peso do ferro orienta as fibras para que fiquem estiradas, enquanto o seu calor evapora a água.[6]

Para saber mais sobre o assunto, consulte:

[6] <http://www.cottoninc.com/PressReleases/?articleID =245>. Acesso em: jan. 2011.

CAPÍTULO V

Eletrodomésticos

1. Para mudar o canal da TV sem que sua irmã perceba, Pedro usa o controle remoto apontado para o vidro da janela no fundo da sala, do lado oposto ao do aparelho de TV. Como isso é possível?

Resposta: O controle remoto emite sinais usando radiação infravermelha, que é uma radiação eletromagnética semelhante à luz visível, mas com frequências menores, sendo invisível aos nossos olhos. Essa radiação é captada por sensores dentro do aparelho de TV que decodificam os sinais para haver mudança no volume, no canal sintonizado, etc.

A radiação infravermelha tem as mesmas características ondulatórias da luz visível. Pedro está usando a propriedade

da reflexão destas ondas sobre uma superfície lisa: depois de incidir sobre o vidro, as ondas são refletidas e atingem o aparelho de TV.[1]

2- Como o forno de micro-ondas esquenta a comida?

Resposta: As micro-ondas são ondas eletromagnéticas de frequência intermediária entre as ondas curtas de rádio e a radiação infravermelha. Como todas as ondas eletromagnéticas, elas se propagam pelo espaço devido à oscilação de campos elétricos e magnéticos.

Dentro do forno, apenas moléculas polares, como a água ou gorduras, serão afetadas pelas micro-ondas: o campo elétrico da onda orienta essas moléculas, mas, como o campo é oscilante, essa orientação muda com a frequência da radiação. O movimento oscilatório das moléculas dentro do alimento provoca uma espécie de atrito, o que gera calor e esquenta o alimento.

Materiais não polares, como cerâmicas e vidros, não sofrem a influência das micro-ondas. É por isso que os recipientes continuam frios, mesmo quando os alimentos que estão sobre eles são aquecidos.

Por outro lado, se o alimento for colocado em uma vasilha metálica, portanto, boa condutora de eletricidade, as ondas eletromagnéticas do forno se propagam na superfície da vasilha, de modo desordenado, impedindo que se aqueça o alimento dentro dela.[2]

(Veja também a questão V-6)

Para saber mais sobre o assunto, consulte:

[1] MÁXIMO, Antônio; ALVARENGA, Beatriz. *Física* – volume único. 2. ed. São Paulo: Scipione, 2007, p. 518.

[2] PINTO DE CARVALHO, Regina. *Microondas*. São Paulo: Livraria da Física, 2005, p. 25.

3- O que existe dentro da pilha do meu radinho?

Resposta: A pilha consiste em dois materiais condutores diferentes, separados por uma solução que contém íons (ácido ou base). Cada condutor atrai os elétrons com uma força característica. Dentro da pilha, os elétrons serão conduzidos do material onde estão menos ligados para o outro, através da solução iônica, promovendo uma reserva de energia, que pode ser transformada em corrente elétrica se a pilha for conectada a um circuito externo.

Não se deve desmontar uma pilha para observar o seu interior, pois se corre o risco de espalhar ácido ou base, ou de se cortar com as partes de metal; além disso, os elétrons acumulados em um dos eletrodos podem provocar faíscas e eventualmente até fazer o conjunto explodir.[3]

Veja também as questões II-3 e X-7.

4- Há consumo de eletricidade dos aparelhos elétricos, quando estão no modo de *stand-by*?

Resposta: Muitas vezes, nos enganamos ao pensar que alguns aparelhos eletrodomésticos não estão consumindo energia elétrica, por estarem desligados. Atualmente, diversos aparelhos contêm uma função *stand-by*, que consiste em um pequeno diodo *led*, que fica constantemente

Para saber mais sobre o assunto, consulte:

[3] EBBING, Darrell D.; WRIGHTON, Mark S. *Química geral.* v. 2. 5. ed. Rio de Janeiro: LTC, 1998, p. 259.

aceso, para indicar que o aparelho está conectado à rede elétrica. Esse diodo consome, em média, 1,5W, o que resulta em um consumo de 1kWh de potência elétrica, por mês. Supondo uma residência onde existem 5 aparelhos com *stand-by* (televisor, monitor do computador, telefone sem fio, forno de micro-ondas, aparelho de som), haveria um consumo mensal de 5kWh, mesmo sem o uso dos equipamentos! Esse valor é considerável, se comparado ao consumo médio mensal de um refrigerador simples, que é de 30kWh.[4]

5- A geladeira da minha casa parece não estar nivelada. Devo corrigir este problema?

Resposta: Não: normalmente, as geladeiras são instaladas com uma ligeira inclinação para trás; isso garante que a porta ficará fechada, impedindo a entrada de calor e aumentando a sua eficiência.[5]

6- Por que ocorrem faíscas quando colocamos um objeto de metal no forno de micro-ondas?

Resposta: Os metais têm elétrons livres, que podem se movimentar através do material quando são sujeitos a um campo elétrico. Como todas as ondas eletromagnéticas, as micro-ondas são formadas por um campo elétrico e um magnético, que oscilam com o tempo e se propagam pelo espaço. O campo elétrico das micro-ondas desloca os elétrons do objeto até uma de suas bordas, e eles se acumulam ali até que haja uma quantidade suficiente para

---

Para saber mais sobre o assunto, consulte:

[4] <http://standby.lbl.gov/summary-table.html>. Acesso em: jan. 2011.
[5] <http://www.electrolux.com.br/receitas-e-dicas/dicas-de-cozinha/Paginas/uso-do-refrigerador.aspx>. Acesso em: jan. 2011.

provocar uma pequena descarga elétrica através do ar, percebida como uma faísca.[6]

(Veja também a questão V-2)

7 - Ana Julia tirou uma fotografia com um vestido de finas listras brancas e pretas, mas na foto seu vestido aparece com uma série de listras encurvadas e coloridas. Por que isso aconteceu?

Resposta: Na máquina fotográfica digital ou na câmera de TV, a imagem é captada por pequenos sensores, cada um registrando a intensidade de uma das cores vermelho, azul ou verde. Um objeto branco, por exemplo, sensibiliza os três sensores; um objeto preto não sensibiliza nenhum deles; outras cores sensibilizam a combinação de dois sensores, em intensidades diferentes.

Quanto menor o tamanho dos sensores, melhor a definição da imagem, pois a cor de cada pequena região da imagem será corretamente representada. Porém, se o objeto tem diferentes regiões muito pequenas e próximas, com cores diferentes, alguns sensores receberão informação de mais de uma região, misturando a informação proveniente de cada uma e registrando listras que não correspondem à cor original.[7]

Para saber mais sobre o assunto, consulte:

[6] PINTO DE CARVALHO, Regina. *Microondas*. São Paulo: Livraria da Física, 2005, p. 27.

[7] <http://en.wikipedia.org/wiki/Moiré_pattern>. Acesso em: jul. 2011.

8. - Existe algum dano para a saúde quando se usa o telefone celular?

Resposta: O telefone celular emite e recebe ondas eletromagnéticas na faixa das micro-ondas, de frequência próxima à que é usada nos fornos de micro-ondas. Embora a potência das ondas emitidas pelo telefone seja muito mais baixa que a de um forno, elas podem interagir com os tecidos do corpo humano, de forma parecida com o aquecimento dos alimentos dentro do forno. Existem estudos ainda não conclusivos que correlacionam o aparecimento de câncer no canal auditivo com o uso excessivo de telefones celulares.

Enquanto não for comprovada a inexistência de efeitos danosos, é conveniente se evitar o uso excessivo do telefone celular. O cuidado deve ser redobrado em se tratando de crianças e adolescentes em fase de crescimento, pois as células do nosso corpo têm mais probabilidade de ser danificadas durante a sua multiplicação. É também conveniente evitar o transporte do aparelho ligado em bolsos ou dentro das roupas, junto ao corpo, já que o aparelho transmite sinais para a torre mais próxima durante todo o tempo em que permanece ligado.[8]

(Veja também a questão V-9)

9. - As antenas de telefonia celular são danosas à saúde?

Resposta: As antenas de telefonia celular emitem ondas eletromagnéticas de frequência muito semelhante às

---

Para saber mais sobre o assunto, consulte:

[8] PINTO DE CARVALHO, Regina. *Microondas.* São Paulo: Livraria da Física, 2005, p. 42.

micro-ondas geradas em um forno. Elas podem, portanto, interagir com os tecidos do corpo humano, compostos principalmente de água e gorduras.

Existe uma legislação internacional que limita a potência emitida por uma antena. A legislação brasileira permite a emissão de uma potência 100 vezes maior que o limite internacional, e mesmo este valor não é obedecido pelos responsáveis pelas antenas. Nosso espaço, portanto, é continuamente poluído por radiação cujos efeitos sobre o corpo humano ainda não são bem conhecidos.

Os cidadãos podem evitar que o número de antenas instaladas em nossas cidades aumente ainda mais, se limitarem o número e tempo de duração de suas ligações telefônicas ao mínimo necessário.[9]

(Veja também a questão V-8)

10- Algumas pessoas dizem que a comida preparada no forno de micro-ondas fica radioativa e pode fazer mal à saúde. Isso é verdade?

Resposta: Uma substância se torna radioativa quando os *núcleos* de seus átomos são modificados e passam a emitir partículas ou energia. Para que um material se torne radioativo, é necessário que ele seja bombardeado com nêutrons, o que pode ocorrer dentro de um acelerador ou reator atômico, mas nunca dentro de um forno de micro-ondas.

A radiação gerada pelo forno tem baixa energia e não é capaz de modificar os átomos do alimento; ela interage

---

Para saber mais sobre o assunto, consulte:

[9] PINTO DE CARVALHO, Regina. *Microondas*. São Paulo: Livraria da Física, 2005, p. 42.

com moléculas de água ou de gordura, aumentando sua temperatura e promovendo reações semelhantes às que ocorrem quando o alimento é aquecido no fogão ou forno convencional: as moléculas se modificam, mas seus átomos permanecem intactos.[10]

Para saber mais sobre o assunto, consulte:

[10] PINTO DE CARVALHO, Regina. *Microondas*. São Paulo: Livraria da Física, 2005, p. 24.

CAPÍTULO **VI**

Esportes/lazer

1 - Por que conseguimos nos equilibrar em uma bicicleta em movimento e caímos logo que ela para?

Resposta: O que nos dá o equilíbrio é a rotação de suas rodas.

Para compreender o que se passa, vamos recordar a lei de Newton, que nos diz: se nenhuma força externa age sobre um objeto, ele continuará em repouso ou em movimento retilíneo uniforme.

Para analisar o movimento de objetos que giram, vamos substituir o conceito de força pelo de torque: um torque descreve o efeito de uma força aplicada a um corpo que pode girar. A lei de Newton para a rotação diz que, se nenhum torque externo agir sobre um objeto que gira, ele não vai alterar seu estado de movimento rotacional.

Na bicicleta em movimento, as rodas giram em torno de um eixo que tem direção horizontal. Na ausência de torque externo, elas vão manter a rotação em torno desse eixo e proporcionar o equilíbrio necessário. Se as rodas deixarem de girar, a lei de Newton para a rotação deixa de valer, e a bicicleta se inclinará para um lado.[1]

Para saber mais sobre o assunto, consulte:

[1] HALLIDAY, D.; RESNICK, R.; KRANE, K. S. *Física 1*. 4. ed. Rio de Janeiro: LTC, 1996, p. 261.

2- Por que bailarinos e patinadores executam piruetas com os braços fechados e os abrem quando param de girar?

Resposta: Em um corpo que gira, a maior ou menor facilidade para girar (sua inércia de rotação) depende da forma como a sua massa está distribuída em torno do eixo de rotação: quando a massa está mais próxima do eixo, a inércia de rotação é menor, e o corpo gira com mais facilidade.

Quando o bailarino ou patinador traz os braços para perto de seu tronco, ele diminui a sua inércia de rotação e pode girar mais depressa com um dado impulso. No momento de terminar a pirueta, ele abre os braços: assim, parte de sua massa ficará mais distante do eixo de rotação, e ele vai girar mais lentamente, tendo mais facilidade em parar.[2]

3- Como funciona a bomba de bicicleta?

Resposta: O objetivo da bomba de bicicleta é inserir ar dentro dos pneus, para que eles tenham uma pressão interna capaz de sustentar o peso da bicicleta. A bomba

---

Para saber mais sobre o assunto, consulte:

[2] HALLIDAY, D.; RESNICK, R.; KRANE, K. S. *Física 1*. 4. ed. Rio de Janeiro: LTC, 1996, p. 260.

consiste em um cilindro com um êmbolo interno e válvulas nas pontas.

Quando empurramos o êmbolo, a válvula que está em contato com o pneu se abre e permite que o ar contido no cilindro seja empurrado para dentro do pneu. Enquanto isso, a válvula que está na extremidade oposta fica fechada, e o ar não pode escapar para o ambiente.

Puxando o êmbolo, a válvula do lado do pneu se fecha, impedindo que o ar escape de dentro dele, enquanto a válvula do outro lado se abre, e o cilindro se enche de ar vindo do ambiente. Quando o cilindro estiver cheio, recomeça-se o ciclo, empurrando mais ar para dentro do pneu.[3]

4- Por que os jogadores de *curling* (esporte de inverno onde um projétil em forma de chaleira é atirado em uma pista de gelo) "varrem" a pista enquanto o projétil se desloca?

Resposta: O objetivo deste esporte é que a "chaleira" alcance determinadas posições na pista de gelo. O jogador que faz o arremesso deve calcular a direção e a força a ser exercida para que o projétil alcance a posição desejada. Enquanto o objeto se desloca, outros membros da equipe atritam a pista com uma pá de formato adequado, para derreter um pouco do gelo; a camada de água obtida diminui o atrito durante a passagem do projétil, permitindo que ele deslize com mais facilidade.[4]

Para saber mais sobre o assunto, consulte:

[3] <http://www.ehow.com/how-does_5382498_hand-pump-works.html>. Acesso em: jan. 2011.

[4] MÁXIMO, Antônio; ALVARENGA, Beatriz. *Física* – volume único. 2. ed. São Paulo: Scipione, 2007, p. 84.

5. Por que costumam "cair" raios nos campos de futebol?

Resposta: Não são raros os casos de jogadores de futebol atingidos por raios durante treinos em dias chuvosos. Na verdade, os raios podem "cair" em qualquer lugar. Eles são descargas elétricas que ocorrem entre a Terra e nuvens carregadas. O que acontece é que há mais facilidade de propagação da descarga elétrica quando existem pontas salientes. No campo de futebol liso e plano, o corpo do jogador age como uma ponta e facilita a descarga entre as nuvens e o chão.[5]

6. Em um jogo de vôlei, como se deve fazer para conseguir "efeito" no saque?

Resposta: Se, ao ser lançada, a bola tiver um movimento de rotação em torno de si mesma, o ar vai se deslocar mais rapidamente de um lado da bola do que do outro, provocando uma diferença de pressão entre os dois lados que fará com que ela se desloque para o lado. Assim, em vez de seguir uma trajetória retilínea, a bola fará uma curva, surpreendendo os adversários.[6]

7. Qual a vantagem dos tecidos *dry-fit* usados na fabricação de roupas esportivas?

Resposta: Os tecidos *dry-fit* são compostos de duas camadas: na interna, as fibras são feitas de material hidrofóbico, que repele as moléculas de água: o suor do corpo será empurrado para fora do tecido. Na camada externa, as fibras são hidrofílicas e atraem o suor, que se espalha

---

Para saber mais sobre o assunto, consulte:
[5] MÁXIMO, Antônio; ALVARENGA, Beatriz. *Física* – volume único. 2. ed. São Paulo: Scipione, 2007, p. 345.
[6] HALLIDAY, D.; RESNICK, R.; KRANE, K. S. *Física 2.* 4. ed. Rio de Janeiro: LTC, 1996, p. 84.

pela superfície do tecido e evapora. Assim o esportista fica mais confortável, pois não se sente encharcado pela própria transpiração.

Em alguns tecidos *clima-fit*, existe uma terceira camada, mais externa que a segunda, onde as fibras estão dispostas em uma trama muito fina, que permite a passagem de vapor da transpiração para o exterior, mas impede a entrada de gotas de chuva, proporcionando conforto mesmo em dias de chuva.[7]

8 - Por que as pessoas gostam de cantar no chuveiro?

Resposta: As paredes do banheiro costumam ser lisas e recobertas de material cerâmico, que reflete bem as ondas sonoras, e as dimensões do chuveiro são compatíveis com os comprimentos de onda do som da voz humana. Além disso, o ar fica úmido, devido ao vapor que escapa da água do chuveiro, o que facilita a propagação do som. Essas condições transformam o chuveiro em uma caixa de ressonância que vai amplificar certos timbres da voz, agradando ao nosso "tenor de banheiro".[8]

Para saber mais sobre o assunto, consulte:

[7] <http://www.ehow.com/about_6361649_nike-dri_fit-technology_.html>. Acesso em: jul. 2011.

[8] HALLIDAY, D.; RESNICK, R.; KRANE, K. S. *Física 2*. 4. ed. Rio de Janeiro: LTC, 1996, p. 123.

9- Como funcionam os controladores de batimentos cardíacos usados por esportistas durante seus treinos?

Resposta: Nosso coração é um músculo. O movimento de íons sódio e potássio dentro do músculo resulta em pequenos impulsos elétricos que provocam contrações e distensões deste músculo, bombeando o sangue e fazendo-o circular através de nosso corpo.

Para controlar a frequência dos batimentos cardíacos durante o exercício físico, coloca-se um sensor aderido ao peito do esportista. Cada impulso elétrico produzido pelo coração ativa o sensor, que emite um sinal para um receptor, colocado como um relógio no pulso do atleta. O receptor conta o número de pulsos num determinado tempo e informa a frequência dos batimentos cardíacos durante o exercício.[9]

10- Que características devem ter os materiais usados na fabricação dos tênis para caminhada?

Resposta: A sola do tênis deve ser feita de um material resistente, para minimizar o desgaste por atrito com o solo. Ao mesmo tempo, deve ser flexível, para permitir o movimento dos pés e ser capaz de absorver o impacto deles com o chão,

---

Para saber mais sobre o assunto, consulte:

[9] <http://www.virtual.epm.br/material/tis/curr-bio/trab2003/g5/>. Acesso em: jan. 2011.

evitando danos aos ossos e juntas do esportista. Na parte interior, ela deve conter uma camada capaz de absorver a umidade da transpiração.

O corpo do calçado deve permitir a aeração dos pés.

Todo o conjunto deve ser o mais leve possível, para não comprometer o desempenho do atleta.

Para atender a todos esses requisitos, os tênis atuais são fabricados com camadas de diversos materiais. Em geral são usados diferentes polímeros sintéticos – materiais constituídos de moléculas longas, obtidos através de reações químicas de compostos de carbono.[10]

11- Como um carateca consegue quebrar tábuas com um golpe de mão, sem se ferir?

Resposta: Em primeiro lugar, a escolha do material é importante: deve-se usar madeira seca, cortada de forma que as fibras estejam perpendiculares ao comprimento da tábua. Isso fará com que ela seja mais quebradiça.

A seguir, é preciso maximizar a força do golpe sobre a tábua, o que pode ser conseguido combinando-se diversos fatores:

- maximizar a massa envolvida no golpe: o carateca

Para saber mais sobre o assunto, consulte:

[10] <http://www.calcadodesportivo.com/componentes.htm>. Acesso em: jan. 2011.

se move de forma que o peso de todo o seu corpo esteja envolvido no golpe;
- minimizar o tempo de contato entre a mão e a tábua: isso pode ser obtido usando-se suportes rígidos para a tábua;
- maximizar a velocidade de ataque: o carateca abaixa seu corpo e assim imprime mais velocidade ao seu golpe.[11]

12 - Como se obtém o efeito de movimento nos filmes de cinema?

Resposta: Os filmes consistem de uma série de imagens muito parecidas, exibidas rapidamente, uma após a outra. As imagens captadas pelo nosso cérebro demoram alguns centésimos de segundo a se desfazer. Assim, se as imagens forem exibidas muito rapidamente, teremos a impressão de um movimento contínuo.[12]

13 - Por que em um circo é sempre colocada uma cama elástica sob o trapézio?

Resposta: A função da cama elástica é evitar danos ao trapezista em caso de queda.

Sabemos que um objeto que cai adquire velocidade e que, ao tocar o solo, ele a perde rapidamente. A perda da velocidade depende da força que é feita contra o objeto e do tempo de ação desta força.

Para saber mais sobre o assunto, consulte:

[11] <http://skepticalteacher.wordpress.com/2009/11/14/physics-of-karate-no-woo-required/>. Acesso em: jan. 2011.

[12] MÁXIMO, Antônio; ALVARENGA, Beatriz. *Física* – volume único. 2. ed. São Paulo: Scipione, 2007, p. 507.

No caso de queda sobre o chão rígido, é muito pequeno o tempo de interação entre o chão e o corpo do trapezista, e, portanto, a força envolvida é grande, podendo machucá-lo. Na cama elástica, o tempo de interação é maior, logo a força é menor, e não trará problemas ao artista.[13]

Para saber mais sobre o assunto, consulte:

[13] MÁXIMO, Antônio; ALVARENGA, Beatriz. *Física* – volume único. 2. ed. São Paulo: Scipione, 2007, p. 235.

Capítulo VII

Transportes

1. Por que é perigoso dirigir com o carro muito próximo do carro da frente?

Resposta: É preciso deixar um espaço entre os carros para o caso de uma parada brusca do carro da frente, pois o carro de trás não vai parar instantaneamente.

Depois que o condutor do carro de trás percebe que o carro da frente parou, passa-se um tempo até que ele tome a decisão de frear seu carro. O tempo de reação de uma pessoa varia entre 0,1 s e 0,2 s. Durante este tempo, o carro de trás continuará a se mover com a velocidade que tinha inicialmente.

Quando o motorista de trás aciona o freio, seu carro passa a perder velocidade, mas vai percorrer uma certa distância, com velocidade cada vez menor, até parar totalmente.

Se a distância entre os dois carros for menor que a distância que o carro de trás percorre durante estas duas etapas (a de reação e a de desaceleração), os dois carros fatalmente irão colidir.[1]

2- Que cor de carro é mais vantajosa, preta ou metálica?

Resposta: Os objetos pretos absorvem toda a radiação que incide sobre eles, na faixa visível e no infravermelho próximo, que sentimos na forma de calor. Objetos metálicos refletem quase toda a radiação que incide sobre eles.

Assim, um carro preto estacionado sob o Sol vai absorver radiação que aquecerá sua carcaça e o ar no seu interior. O carro de cor metálica, por sua vez, absorverá pouca radiação e não terá seu interior tão aquecido.

Portanto, no nosso clima, será mais vantajoso ter um carro de cor metálica, para não sentir o desconforto de entrar em um carro quente depois de deixá-lo estacionado em dias de calor. Talvez em um dia frio de inverno possa ser agradável encontrar um carro "quentinho", mas esses dias são menos frequentes em nosso país que os dias de calor![2]

3- Como é possível falar ao telefone celular em um veículo em movimento, mesmo se estamos nos afastando da torre de transmissão?

Resposta: A telefonia móvel, ou telefonia celular, é controlada por antenas que recebem e emitem sinais. Cada antena gerencia os sinais dos aparelhos próximos a ela. A

Para saber mais sobre o assunto, consulte:
[1] MÁXIMO, Antônio; ALVARENGA, Beatriz. *Física* – volume único. 2. ed. São Paulo: Scipione, 2007, p. 59.
[2] MÁXIMO, Antônio; ALVARENGA, Beatriz. *Física* – volume único. 2. ed. São Paulo: Scipione, 2007, p. 499.

região de atuação de cada antena é uma célula, e por isso o sistema se chama "telefonia celular".

O sinal emitido por um aparelho ligado é recebido pelas diversas antenas com intensidades que diminuem com a distância entre o aparelho e a antena. Uma central de controle analisa os sinais e conecta o aparelho à antena que recebeu o sinal com maior intensidade (a que está mais próxima). Ao falarmos, nosso aparelho envia sinais à antena, que os retransmite ao aparelho do nosso interlocutor.

Se estivermos em movimento, afastando-nos da antena, o sinal irá enfraquecer, enquanto uma antena em outra célula passa a recebê-lo com maior intensidade. Quando estivermos mais próximos da segunda antena do que da primeira, o controle central irá transferir nossa conexão para esta segunda antena.[3]

4- Como funciona o GPS (*global positioning system* – sistema de posicionamento global)?

Resposta: O sistema GPS possui um conjunto de 24 satélites em órbita em torno da Terra, que enviam sinais de identificação modulados. Estes sinais são ondas eletromagnéticas de frequências na faixa das micro-ondas, e, portanto, se propagam com a velocidade da luz. Em um

Para saber mais sobre o assunto, consulte:

[3] PINTO DE CARVALHO, Regina. *Microondas*. São Paulo: Livraria da Física, 2005, p. 42.

dado momento, cada ponto do globo recebe o sinal de quatro destes satélites.

O receptor em Terra pode calcular a distância a que está de cada satélite, medindo o tempo decorrido entre a emissão do sinal pelo satélite e sua chegada, já que a velocidade do sinal é conhecida. Se traçarmos esferas centradas nos satélites e com raios iguais à distância de cada um ao receptor, este estará localizado no ponto onde as esferas se cortam.

Além de servirem para a orientação de motoristas em grandes cidades ou de excursionistas em locais remotos, os sistemas GPS têm sido utilizados para fins científicos como, por exemplo, na determinação precisa da altura de montanhas, da posição da cabeceira de rios etc.[4]

5 - Por que em dias secos se costuma tomar um "choque" na porta, ao sair de um carro? Como se pode evitar esse choque?

Resposta: Quando nos deslocamos para sair de um carro, o atrito de nossa roupa com o tecido artificial dos bancos pode gerar cargas elétricas. Se o tempo estiver úmido, as cargas serão neutralizadas rapidamente pelo ar. Mas se o tempo estiver seco, elas se acumularão sobre nosso corpo e, ao tocarmos a porta metálica, que é condutora, serão transferidas rapidamente, gerando uma descarga elétrica percebida como o "choque".

Para evitar essa desagradável sensação, basta sair do carro tocando o tempo todo a parte metálica da porta: as cargas elétricas geradas pelo atrito serão continuamente conduzidas

---

Para saber mais sobre o assunto, consulte:
[4] MÁXIMO, Antônio; ALVARENGA, Beatriz. *Física* – volume único. 2. ed. São Paulo: Scipione, 2007, p. 550.

pelo metal, gerando uma corrente muito mais fraca que não nos incomodará.[5]

(Veja também as questões IV-1 e IV-2)

6. Por que um avião, ao passar no céu, costuma deixar um rastro branco em sua trajetória?

Resposta: Na alta atmosfera, o ar contém vapor de água, que é invisível. A passagem de um avião provoca movimento no ar, conferindo a este energia suficiente para que um pouco do vapor se condense em pequenas gotas líquidas. O tamanho das gotas é suficiente para espalhar a luz do Sol que incide sobre elas, formando um rastro visível que acompanha a trajetória do avião.[6]

7. Por que o barulho dos carros de corrida que se aproximam parece ser diferente do barulho dos carros que se afastam?

Resposta: Este é o chamado efeito Doppler: quando uma onda é emitida por um objeto em movimento, sua frequência

---

Para saber mais sobre o assunto, consulte:
[5] MÁXIMO, Antônio; ALVARENGA, Beatriz. *Física* – volume único. 2. ed. São Paulo: Scipione, 2007, p. 335.
[6] MÁXIMO, Antônio; ALVARENGA, Beatriz. *Física* – volume único. 2. ed. São Paulo: Scipione, 2007, p. 300.

aumenta, se o objeto se aproxima de nós, ou diminui, se o objeto se afasta. Durante uma corrida, as ondas sonoras emitidas pelos motores dos carros terão frequência maior (som mais agudo) quando os carros se aproximam e frequência menor (som mais grave) ao se afastarem.[7]

8. Como é possível determinar a presença de álcool na gasolina?

Resposta: O álcool é capaz de se misturar à gasolina, em ligações moleculares fracas, e também à água, através de ligações de hidrogênio, mais fortes. Portanto, o álcool se mistura mais facilmente à água do que à gasolina. Água e gasolina, por sua vez, são imiscíveis (não se misturam), já que a água interage com outras substâncias através de ligações polares, e a gasolina é apolar (não tem polos elétricos definidos).

Então, para saber se existe álcool misturado à gasolina, tomam-se partes iguais de água e da gasolina a ser analisada. O conjunto é agitado e depois deixado em repouso, para observação. A água ficará no fundo do recipiente, e a gasolina vai flutuar sobre ela.

Se o volume de água ainda for igual ao de gasolina, poderemos concluir que não havia álcool na mistura. Mas, se houver um volume maior de água, isso nos indicará que havia álcool dissolvido na gasolina e que este, após a agitação, passou a ser dissolvido na água.[8]

Para saber mais sobre o assunto, consulte:

[7] MÁXIMO, Antônio; ALVARENGA, Beatriz. *Física* – volume único. 2. ed. São Paulo: Scipione, 2007, p. 461.

[8] EBBING, Darrell D.; WRIGHTON, Mark S. *Química geral.* v. 1. 5. ed. Rio de Janeiro: LTC, 1998, p. 469.

9- Como funciona um *maglev* (trem a levitação magnética)?

Resposta: Existem ímãs nos trilhos e embaixo dos vagões, com polaridades opostas: os vagões são repelidos e levitam a uma altura entre 1 cm e 10 cm do chão, eliminando o atrito com o chão, o que otimiza a eficiência energética do trem.

Para que o trem se desloque, existe outro conjunto de ímãs nos trilhos e nos vagões, com polaridades opostas na dianteira do trem e iguais na traseira: a dianteira do trem é atraída e puxada para frente, enquanto a traseira é repelida e empurrada também para frente.[9]

Para saber mais sobre o assunto, consulte:

[9] <http://www.howstuffworks.com/transport/engines-equipment/maglev-train1.htm>. Acesso em: jan. 2011.

Capítulo **VIII**

Água

1. De onde vem a água que sai das nossas torneiras?

Resposta: A água que sai das torneiras foi captada em um reservatório (rio ou lago). Ela chegou ao reservatório por meio da chuva ou de fontes subterrâneas. Antes de ser distribuída para toda a cidade, a água foi tratada por filtração, para a retirada de resíduos, e por meio de produtos químicos, para eliminação de micro-organismos.[1]

2. Para onde vai a água depois que a usamos?

Resposta: A água rejeitada pela rede de esgotos não "desaparece". Ela precisa ser tratada, para a retirada de resíduos sólidos, e diluída com uma enorme quantidade de água não poluída, para que seja novamente descartada nos rios.[2]

3. Que atividades humanas consomem mais água?

Resposta: As principais atividades que consomem água são a agropecuária, a indústria e o consumo pessoal. Destas,

---

Para saber mais sobre o assunto, consulte:
[1] <http://webworld.unesco.org/water/ihp/db/shiklomanov/>. Acesso em: jan. 2011.
[2] <http://webworld.unesco.org/water/ihp/db/shiklomanov/>. Acesso em: jan. 2011.

a agropecuária consome 70%, a indústria utiliza 20% e o uso doméstico, 10% da água disponível.[3]

4- A água da Terra vai acabar?

Resposta: A quantidade total de água na Terra é sempre a mesma, seguindo um ciclo de evaporação, chuvas, acumulação em rios e lagos ou no subsolo e despejo nos oceanos. No entanto, a fração de água própria para consumo é muito pequena: de toda a água existente na Terra, 97,5% é salgada; e dos 2,5% restantes, grande parte está sob a forma de gelo, nuvens ou no subsolo. Somente 0,05% do total de água da Terra é própria para consumo, e atualmente utilizamos mais da metade dela. Com o aumento da população, o consumo deverá aumentar, e as previsões são de que, em 30 anos, estaremos utilizando toda a água disponível. Para manter a qualidade de vida atual, será preciso encontrar formas de otimizar o uso da água nas diversas atividades humanas.[4]

(Veja também a questão I-6)

Para saber mais sobre o assunto, consulte:

[3] REBOUÇAS, A. C.; BRAGA, B.; TUNDISI, J. G. (Org.). Águas doces no Brasil. 3. ed. São Paulo: Escrituras, 2006, p. 325 e p. 367.

[4] <http://webworld.unesco.org/water/ihp/db/shiklomanov/>. Acesso em: jan. 2011.

5. Por que nos dias de chuva se tem a impressão de que as pessoas conversam mais alto?

Resposta: Nos dias de chuva o ar fica úmido, carregado com vapor de água. Isso modifica a sua elasticidade, facilitando a propagação das ondas sonoras. O som se propaga no ar úmido com maior velocidade e com menos perdas do que no ar seco, e por isso se tem a impressão de que as pessoas falam mais alto.[5]

Para saber mais sobre o assunto, consulte:
[5] HALLIDAY, D.; RESNICK, R.; KRANE, K. S. *Física 2*. 4. ed. Rio de Janeiro: LTC, 1996, p. 123.

Capítulo **IX**

Terra e espaço

1. As fotos da Terra vista do espaço mostram os oceanos, mais escuros, e os continentes, mais claros. Por que há essa diferença nas tonalidades?

Resposta: Os oceanos têm a superfície mais lisa e refletem a luz do Sol como se fossem espelhos (reflexão especular) – toda a luz é refletida em uma mesma direção. Os continentes, por sua vez, são rugosos, e cada pequena porção reflete a luz em uma direção diferente. Essa é a chamada reflexão difusa, que observamos, por exemplo, em uma folha de papel exposta à luz.

Nas fotos da Terra vista do espaço, para que a imagem não seja ofuscada pelo brilho do Sol, evita-se que a luz refletida pelos oceanos chegue à câmara fotográfica. Assim, eles parecerão escuros. Os continentes, por sua vez, refletem a luz do Sol em todas as direções. Parte dessa luz chegará à câmara, e eles parecerão mais claros que os oceanos.[1]

Para saber mais sobre o assunto, consulte:

[1] MÁXIMO, Antônio; ALVARENGA, Beatriz. *Física* – volume único. 2. ed. São Paulo: Scipione, 2007, p. 482.

2 - Meu pai temia que, se a população mundial aumentasse muito, a Terra iria ficar muito pesada e pararia de girar. Isso faz sentido?

Resposta: O aumento da população na Terra não modifica a sua massa total, uma vez que os alimentos são retirados da superfície do globo.

Podemos fazer alguns cálculos para verificar se um aumento na população poderia modificar a distribuição de massa sobre a superfície, afetando a rotação:

> Massa da Terra: 6×10^{24} kg.
> População atual: 6×10^9 pessoas.
> Massa de uma pessoa ≈ 70 kg $= 7 \times 10$ kg.
> Massa total da população:
> $6 \times 10^9 \times 7 \times 10$ kg $= 4,2 \times 10^{11}$ kg.

Vemos que a massa total da população é muito menor que a massa da Terra. Considerando que a população atinja o limite previsto, de 15×10^9 pessoas, a massa total seria menor que a massa da Terra por um fator de 10^{12}. Mesmo que as pessoas se aglomerassem em uma mesma região, não seriam capazes de afetar a rotação do planeta.[2]

3 - Por que dizemos que não há gravidade nas naves espaciais, mesmo se elas estão mais próximas da Terra do que a Lua, e esta sofre o efeito da atração da Terra?

Resposta: Embora exista uma força gravitacional exercida pela Terra sobre a nave e seu conteúdo, os efeitos que ela provoca são diferentes do que sentimos na superfície da Terra: aqui, sentimos a força de atração gravitacional

---

Para saber mais sobre o assunto, consulte:
[2] HALLIDAY, D.; RESNICK, R.; KRANE, K. S. *Física 1*. 4. ed. Rio de Janeiro: LTC, 1996, p. 232 e p. 296.

porque o chão sobre o qual estamos apoiados exerce em nosso corpo uma reação à força que aplicamos ao solo, impedindo que afundemos.

Dentro da nave, a força gravitacional sobre o astronauta faz com que ele se desloque em órbita em torno da Terra, assim como a nave e os outros objetos dentro dela. Como o astronauta está se deslocando da mesma forma que o piso da nave, não há pressão do seu corpo sobre o piso, nem reação do piso sobre o astronauta. A sensação seria a mesma se não existisse força gravitacional atuante sobre ele, e chamamos a isso imponderabilidade. Uma pessoa fechada em um elevador poderia ter esta mesma sensação se o cabo de sustentação do elevador se rompesse e ele caísse sob a ação da gravidade; mas, nesse caso, talvez o fenômeno não fosse observado com o mesmo interesse, devido ao pânico gerado pela situação de emergência...[3]

(Veja também as questões IX-4 e IX-5)

4 - Como um astronauta consegue beber água em um ambiente sem gravidade?

Resposta: Sem a gravidade, seria difícil manter a água dentro de um copo: ao abaixar o copo, a água ficaria na

---

Para saber mais sobre o assunto, consulte:
[3] MÁXIMO, Antônio; ALVARENGA, Beatriz. *Física* – volume único. 2. ed. São Paulo: Scipione, 2007, p. 96.

posição inicial, aglomerando-se em uma esfera, devido às forças de atração entre as moléculas de água. Também não teria sentido inclinar o copo para beber, pois a água não seria vertida. Os astronautas usam recipientes fechados e sugam a água por canudinhos.[4]

(Veja também as questões IX-3 e IX-5)

5 - É possível tomar banho em uma nave espacial?

Resposta: Um chuveiro não pode funcionar em um ambiente de imponderabilidade, pois a água não cairia. A solução é limpar o corpo com toalhas umedecidas, pois a força de atração entre as fibras da toalha e a água continua a existir dentro da nave.[5]

(Veja também as questões IX-3 e IX-4)

6 - Como funcionam os chamados "travesseiros Nasa"?

Resposta: Nos anos 1980/1990, a Nasa (agência espacial norte-americana) desenvolveu uma espuma especial para o estofamento dos assentos nas naves espaciais. Por ser muito densa e viscosa, ela reage lentamente à pressão aplicada,  fluindo e se adaptando à forma do objeto que a pressiona.

Para saber mais sobre o assunto, consulte:

[4] <http://spaceflight.nasa.gov/feedback/expert/answer/isscrew/expedition4/index.html>. Acesso em: jan. 2011.

[5] <http://www.nasa.gov/centers/johnson/about/faq.html>. Acesso em: jan. 2011.

Atualmente são vendidos travesseiros feitos com este material, e podemos usá-los na Terra para sonhar com viagens espaciais...[6]

7 - Por que o céu é azul?

Resposta: As moléculas da atmosfera dispersam a luz solar, sendo que a radiação com comprimentos de onda menores é mais espalhada. Assim, a luz de tonalidade azul (comprimento de onda menor) será mais espalhada e aparecerá por todo o céu. Embora o violeta tenha comprimento de onda menor que o azul, o céu não aparece desta cor porque nossos olhos são menos sensíveis à radiação dessa tonalidade.

As cores amarelo-avermelhadas, de comprimento de onda maior, serão menos espalhadas e, por isso, o Sol tem a cor amarelada. Nos finais de tarde, com o Sol no horizonte, a luz atravessa um caminho maior pela atmosfera, até chegar aos nossos olhos. O espalhamento de luz é maior, e apenas os tons vermelhos são menos espalhados, dando esta tonalidade ao Sol.[7]

Para saber mais sobre o assunto, consulte:

[6] <http://www.sti.nasa.gov/tto/Spinoff2005/ch_6.html>. Acesso em: jan. 2011.
[7] BARTHEM, Ricardo B. *A luz*. São Paulo: Livraria da Física, 2005, p. 62.

CAPÍTULO **X**

Gentes, bichos e plantas

1- As pessoas idosas costumam ter problemas de audição. O que se pode fazer para melhorar a comunicação nesses casos?

Resposta: O sentido da audição se baseia na oscilação dos músculos internos do ouvido, devido à passagem de ondas sonoras. As vibrações são transformadas em sinais transmitidos ao cérebro e por ele interpretados como o som que ouvimos.

Nas pessoas idosas costuma haver uma perda da flexibilidade dos músculos envolvidos na audição, e eles deixam de oscilar com as frequências mais altas (sons mais agudos). Para ser melhor compreendido pelo idoso, é preciso falar pausadamente e usar um timbre mais grave para a voz.[1]

2- Se um passarinho pousar em uma cerca elétrica, ele será eletrocutado?

Resposta: A cerca elétrica está ligada a uma fonte de alta tensão e tem uma grande diferença de potencial elétrico com relação à terra. Se a tocamos e temos os pés no chão

---

Para saber mais sobre o assunto, consulte:
[1] OKUNO, E.; CALDAS, I. L. *Física para Ciências Biológicas e Biomédicas.* São Paulo: Harbra, 1986, p. 235.

ou no muro onde ela está apoiada, a diferença de potencial fará com que uma corrente elétrica atravesse nosso corpo. O passarinho, no entanto, tem as duas patas apoiadas sobre o fio, e portanto não há diferença de potencial entre elas. Ele nada sofrerá ao pousar na cerca.[2]

3- Como é produzido o barulho irritante feito pelo giz no quadro negro?

Resposta: Conforme a posição do giz com relação ao quadro, ele ficará preso e será preciso fazer alguma força para fazê-lo deslizar. Finalmente, quando for rompido o atrito entre o quadro e o giz, este vai vibrar e deslizar até ficar novamente preso, e assim o ciclo recomeçará. As vibrações do giz se transferem para o ar e são percebidas como ondas sonoras.

De acordo com a inclinação do giz com relação ao quadro, a vibração terá frequências diferentes e, portanto, vai gerar sons de tonalidades diferentes.[3]

Para saber mais sobre o assunto, consulte:

[2] MÁXIMO, Antônio; ALVARENGA, Beatriz. *Física* – volume único. 2. ed. São Paulo: Scipione, 2007, p. 352.

[3] MÁXIMO, Antônio; ALVARENGA, Beatriz. *Física* – volume único. 2. ed. São Paulo: Scipione, 2007, p. 456.

4 - Por que as plantas são verdes?

Resposta: Nas células das plantas ocorrem as reações de fotossíntese: a água vinda do solo e o gás carbônico da atmosfera sofrem uma série de transformações químicas até produzir matéria orgânica vegetal. Neste processo há liberação de oxigênio. Nas diversas etapas da fotossíntese, é consumida energia com valores correspondentes à porção menos energética da luz visível (luz vermelha) e à porção mais energética (luz azul). Assim, as plantas absorvem luz vermelha e azul e refletem a luz verde, apresentando-se com esta cor.[4]

(Veja também a questão III-15)

5 - Algumas árvores são capazes de espalhar suas sementes a distâncias bastante grandes. Qual o objetivo disso e como elas conseguem fazê-lo?

Resposta: O objetivo é que as novas árvores, derivadas das sementes espalhadas, brotem em locais afastados da sombra da copa da árvore-mãe, para que possam se desenvolver mais facilmente.

Algumas sementes são espalhadas por pássaros e pequenos animais que se alimentam dos frutos e descartam as sementes ao se deslocarem. Outras são levadas pelo vento. Estas têm formato aerodinâmico, oferecendo resistência ao ar durante a queda e percorrendo uma grande distância horizontal antes de tocar o solo.[5]

Para saber mais sobre o assunto, consulte:

[4] BARTHEM, Ricardo B. *A luz.* São Paulo: Livraria da Física, 2005, p. 74.
[5] MÁXIMO, Antônio; ALVARENGA, Beatriz. *Física* – volume único. 2. ed. São Paulo: Scipione, 2007, p. 86.

6. O pequeno Tomás está descobrindo como funcionam as coisas e aprendendo a falar. Ele gosta de soltar sua bola e dizer: "Caiu!". Recentemente, descobriu que a mesma bola fica na superfície da sua banheira cheia de água, mesmo que ele a pressione até o fundo da banheira e a solte desta posição. O que acontece com a bola?

Resposta: Quando a bola é solta no ar, a atração gravitacional da Terra a atrai para o chão, com a força que chamamos peso. Dentro da água, a mesma bola está sujeita a duas forças de sentidos opostos: o seu peso, que a puxa para baixo, e o empuxo da água, para cima.

O empuxo equivale à força que a água faria para manter em equilíbrio uma porção de água com volume equivalente ao da bola. Essa força é, portanto, igual ao peso desta porção de água, e aponta para cima. Se o peso da bola for maior que o empuxo, ela afundará; se seu peso for menor que o empuxo, ela flutuará.

A bola de Tomás tem peso menor que o peso da quantidade de água que ocuparia o mesmo volume, isto é, ela é menos densa que a água, portanto, flutuará. Fazendo essa experiência, Tomás acrescentou mais uma palavra ao seu vocabulário: ele solta a bola no fundo da banheira e exclama: "Subiu!".

(Veja também a questão II-8)[6]

Para saber mais sobre o assunto, consulte:

[6] MÁXIMO, Antônio; ALVARENGA, Beatriz. *Física* – volume único. 2. ed. São Paulo: Scipione, 2007, p. 172.

7 - Por que os dentistas devem colocar obturações de mesmo metal em dentes superiores e inferiores de seus pacientes, quando os dentes estão um acima do outro?

Resposta: Se as obturações forem feitas com metais diferentes, eles formarão uma pilha elétrica, com a saliva fazendo o papel de meio ácido entre os dois metais. Todas as vezes que o paciente fechar a boca, haverá a passagem de uma pequena corrente elétrica, provocando um "choque" desagradável.[7]

Veja também as questões II-3 e V-3.

8 - No deserto da Namíbia, existe um camaleão capaz de mudar a cor de sua pele, que pode ficar branca ou preta. Como ele pode usar esse fato para se aquecer nas manhãs frias do deserto?

Resposta: Nas primeiras horas da manhã, o camaleão escurece a parte do seu corpo que está voltada para o Sol e deixa branca a parte que está na sombra.

Objetos de cor preta absorvem de forma mais eficiente a radiação do Sol, inclusive no infravermelho próximo, que produz aquecimento. Ao mesmo tempo, a cor preta irradia luz e calor para o ambiente com mais facilidade. A cor branca, por sua vez, reflete a radiação, havendo pouca absorção, e também irradia com pouca eficiência, minimizando a perda para o ambiente.

Assim, enquanto o lado preto absorve a radiação e aquece o corpo do animal, o lado branco evita que o calor seja perdido para o ambiente.[8]

Para saber mais sobre o assunto, consulte:

[7] EBBING, Darrell D.; WRIGHTON, Mark S. *Química geral.* v. 2. 5. ed. Rio de Janeiro: LTC, 1998, p. 237.

[8] ZEMANSKY, M. W. *Calor e termodinâmica.* 5. ed. Rio de Janeiro: Guanabara Dois, 1978, p. 91.

9- Existe risco para a saúde quando se fazem exames médicos usando raios-X?

Resposta: Os raios-X são radiações eletromagnéticas de alta energia que podem danificar as células, provocar lesões ou o aparecimento de tumores. No entanto, para que isso ocorra, são necessárias altas doses de radiação.

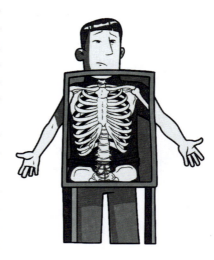

Normalmente recebemos uma pequena quantidade de radiação-X natural, vinda das rochas ou de raios cósmicos (feixes de partículas e de radiação que alcançam a Terra, vindos do espaço). Essa é a chamada radiação de fundo.

As doses usadas nos exames médicos são muito baixas, menores que essa radiação de fundo, e, portanto, não devem causar danos ao paciente. No entanto, como o efeito da exposição à radiação-X é cumulativo ao longo de toda a vida, recomenda-se que esses exames sejam feitos somente em caso de necessidade.

As células humanas são mais sensíveis à radiação durante o seu processo de duplicação. Como as crianças em fase de crescimento e os fetos têm mais células se multiplicando, crianças e gestantes devem evitar a exposição aos raios-X, mesmo em baixas doses.[9]

Para saber mais sobre o assunto, consulte:

[9] OKUNO, E.; CALDAS, I. L. *Física para Ciências Biológicas e Biomédicas.* São Paulo: Harbra, 1986, p. 71.

10. Em agosto de 2010, um deslizamento de terra bloqueou a saída de uma mina no Chile. Depois de dois meses de confinamento, 33 mineiros foram resgatados com vida. Por que ao sair eles usavam óculos especiais?

Resposta: A entrada de luz em nossos olhos é regulada por uma abertura variável, a pupila. Em ambientes muito claros ela se fecha, para proteger o fundo do olho, e em ambientes escuros ela se abre, permitindo a entrada de mais luz para facilitar a visão.

Os mineiros ficaram confinados durante um longo tempo em um ambiente com pouca luminosidade, e suas pupilas ficaram permanentemente dilatadas. Ao chegar à superfície, uma enorme quantidade de luz entraria em seus olhos, danificando-os, antes que os músculos que controlam a abertura da pupila se acomodassem à nova situação.

Para prevenir o problema, foram fornecidos a eles óculos cujas lentes eram poderosos filtros, impedindo a entrada de luminosidade excessiva em suas pupilas dilatadas, até que seus olhos voltassem ao funcionamento normal.[10]

11. Para prender um cavalo, basta dar duas voltas com as rédeas em volta de uma cerca. Por que não é preciso fazer um nó?

Resposta: Se o cavalo tentar escapar, terá de vencer o atrito das rédeas com a madeira da cerca. A cada volta da rédea na cerca este atrito aumenta e impede que o animal escape.

De forma análoga, são as forças de atrito que seguram um botão pregado à roupa. A linha é passada diversas vezes

---

Para saber mais sobre o assunto, consulte:
[10] OKUNO, E.; CALDAS, I. L. *Física para Ciências Biológicas e Biomédicas.* São Paulo: Harbra, 1986, p. 271.

pelos orifícios do botão e pelas fibras do tecido. O atrito entre a linha e o botão é pequeno, mas dobra a cada laçada.

Esta é a última pergunta deste livro. Se o leitor chegar até aqui, pode se perguntar: "Aonde é que eu vim amarrar meu cavalinho?"[11]

Para saber mais sobre o assunto, consulte:

[11] MÁXIMO, Antônio; ALVARENGA, Beatriz. *Física* – volume único. 2. ed. São Paulo: Scipione, 2007, p. 84.

Este livro foi composto com tipografia Ottawa e impresso
em papel Off Set 75 g/m² na Gráfica Rede.